# ZUR ERINNERUNG

AN

# EUGEN BAUMANN

VON

A. KOSSEL.

ABDRUCK AUS HOPPE-SEYLER'S
ZEITSCHRIFT FÜR PHYSIOLOGISCHE CHEMIE
BAND XXIII.

STRASSBURG
VERLAG VON KARL J. TRÜBNER
1897.

C. Ruf, Hofphotograph. Freiburg i/Br. Meisenbach Riffarth & Co. Berlin.

E. Baumann.

## Zur Erinnerung an Eugen Baumann.

Wer in einer künftigen Zeit die Entwicklung der physiologischen Chemie überblickt, wird durch die Namen Felix Hoppe-Seyler und Eugen Baumann an eine Periode des Aufschwunges der physiologischen Chemie erinnert werden.

Die überaus fruchtbare Wirksamkeit dieser beiden Forscher ist so eng verbunden gewesen, dass es oft unmöglich ist, zu entscheiden, wo die Arbeit des Aelteren aufhört und die des Jüngeren beginnt. Ein glückliches Geschick hat die beiden ihrer Anlage nach durchaus verschiedenen Männer zusammengeführt, den Lehrer, der mit umfassendem Blick die Probleme seiner Wissenschaft überschaute, und den Schüler, der, mit hoher Begabung für die Einzelforschung ausgestattet, bald ein Meister ihrer Methoden wurde. War Hoppe-Seyler von medicinischen Studien ausgegangen und von biologischen Erwägungen getrieben, so bewegte sich Baumann's Denken vorwiegend auf dem Gebiete der Structurchemie, und seine Erfolge sind vor Allem dadurch bedingt, dass er die Resultate und die Methoden dieser Wissenschaft für die Erforschung des Thierkörpers in eigenartiger Weise zu bearbeiten und mit den physiologischen Erscheinungen in einen engen Zusammenhang zu bringen wusste. So drang er auf sicherer Bahn in die schwierigen, oft unzugänglich erscheinenden Gebiete der physiologischen Chemie vor und trug Erfolge heim, welche die Fachgenossen mit Bewunderung erfüllten.

Aber so gross dies Ansehen sein mochte, welches Baumann durch seine wissenschaftlichen Arbeiten gewann und die Anziehungskraft, die er als Lehrer ausübte, was ihm das grösste

Ansehen verschafft hat, was Freunde und Schüler am festesten an ihn gekettet hat, waren die Eigenschaften seines Charakters.

Die Begabung Baumann's war nicht auf diejenigen Fähigkeiten beschränkt, welche bei den wissenschaftlichen Arbeiten in Betracht kommen. Neben einem ungewöhnlichen Verstand, der auch die praktischen Verhältnisse des Lebens mit wunderbarer Schärfe und Klarheit ergriff, eine feine vornehme Liebenswürdigkeit, wohlthuender lebensfreudiger Humor, eine männliche Offenheit und vor Allem eine nie versagende Bereitwilligkeit, Anderen zu rathen und zu helfen. —

---

Eugen Baumann wurde am 12. December 1846 zu Cannstatt als der zweite Sohn des Apothekers J. Baumann geboren. Die Erziehung der sieben Geschwister war einfach, aber sehr sorgsam. Eugen besuchte zunächst die Lateinschule in Cannstatt und vom 14. Jahre ab das Gymnasium zu Stuttgart, an dem er nach 4 Jahren die Maturitätsprüfung bestand. Diese für einen angehenden Pharmaceuten damals ungewöhnliche Vorbereitung ebnete ihm später den Weg zu seiner akademischen Laufbahn. Während er in der Apotheke seines Vaters die pharmaceutischen Lehrjahre absolvirte, wanderte er, wie zu seiner Schülerzeit, täglich nach Stuttgart, um die Vorlesungen Hermann v. Fehling's an der Stuttgarter technischen Hochschule zu hören und als Praktikant in dessen Laboratorium thätig zu sein. Der begabte und fleissige Schüler lenkte bald die Aufmerksamkeit Fehling's auf sich, und es bildete sich zwischen beiden ein näheres persönliches Verhältniss, welches bis zu Fehling's Tode dauerte.

Im Jahre 1867 verliess Baumann seine schwäbische Heimath und wandte sich, durch Fehling veranlasst, zunächst nach dessen Vaterstadt Lübeck, wo er in einer Apotheke conditionirte. Im folgenden Jahr finden wir ihn in Gothenburg, wo mehr als hundert Jahre früher einer der grössten Chemiker, K. W. Scheele, seine Laufbahn in einer Apotheke begonnen hatte. Der junge Süddeutsche wurde schnell in der nordischen Hafenstadt heimisch; wie überall in seiner Laufbahn, so fiel ihm auch hier die persönliche Zuneigung seiner Umgebung wie eine selbstverständliche Gabe zu. Sein Chef, der Apotheker J. G. Cavalli, besuchte ihn später während seiner Studienzeit in Tübingen und wollte ihn überreden, nach dem Examen zu ihm zurückzukehren.

Im Frühjahr 1870 liess er sich in Tübingen immatriculieren, um sich dort zugleich mit seinem ältern Bruder Gustav für das Apothekerexamen vorzubereiten. Die Zeugnisse Fehlings bewirkten, dass er schon nach halbjährigem Studium zur Prüfung zugelassen wurde. Nicht ohne Besorgniss sah der ältere Bruder dem Examen Eugens entgegen, hatte doch der junge, lebenslustige Student in der kurz bemessenen Studienzeit nur wenige Stunden für Vorlesungen und häusliche Arbeit übrig. Nur die Uebungen in dem damals von Fittig geleiteten Laboratorium hatten sein Interesse dauernd in Anspruch genommen. Und doch gab das Examen den Anstoss zu seiner akademischen Laufbahn. Hoppe-Seyler, der damals in Toxicologie prüfte, wurde durch die aussergewöhnlichen Kenntnisse und Fähigkeiten des jungen Candidaten, den er erst im Examen kennen lernte, bewogen, ihm sogleich eine Assistentenstelle in seinem Laboratorium anzubieten.

Hoppe-Seyler's Institut befand sich im Tübinger Schloss, in den Räumen der früheren herzoglichen Küche. Die grossen Essen und Feuerstätten, an denen früher die Ochsen in toto am Spiesse brieten, waren jetzt für die feineren Anforderungen der physiologischen Chemie hergerichtet; hier schaarte sich eine grosse Zahl jüngerer Forscher um den anregenden Lehrer. Bald war Baumann in diesen Räumen heimisch geworden. Anfangs freilich zog es ihn, wie er später gern erzählte, oft schon zur Unzeit aus den dunklen Nischen und hinter den dicken Mauern des Schlosslaboratoriums hinaus in die Landschaft, die sich von den Fenstern des hochgelegenen Tübinger Schlosses aus besonders verlockend zeigte. Aber allmählich übten die wissenschaftlichen Aufgaben, die Hoppe-Seyler ihm gestellt hatte, eine wachsende Anziehungskraft aus, und er vertiefte sich in seine Doktorarbeit, die Ende des Wintersemesters 1871/72 zur Promotion führte.

Als Hoppe-Seyler im Frühjahr 1872 an die in den Reichslanden neu begründete Universität übersiedelte, zog Baumann als sein erster Assistent mit ihm. Nur wer die ersten Jahre der Strassburger Hochschule mit erlebt hat, kann ermessen, welch' ein Enthusiasmus Lehrer und Lernende erfüllte und welche Fülle wissenschaftlicher Anregung diejenigen empfingen, welche die dem deutschen Geiste neugeschenkte Stätte der Wissenschaft betraten.

Das rege geistige Leben, welches an der Strassburger Hochschule herrschte, ist von grossem Einfluss auf die Entwicklung Baumann's geworden. Hier trat er in gleicher Weise mit Medicinern und Chemikern in persönliche Berührung. In Hoppe-Seyler's Laboratorium sammelten sich deutsche und ausländische Aerzte, hier entwickelten sich manche von den freundschaftlichen Beziehungen, an denen das Leben Baumann's so reich war, besonders das enge Verhältniss zu J. v. Mering.

Für den Chemiker bot Strassburg manche interessante Erinnerung. Bekanntlich hat das Elsass längere Zeit Frankreich die berühmtesten Chemiker geliefert. Strassburg war die Heimath von Gerhardt, Wurtz, P. Schützenberger, Friedel, Ritter, im Elsass lebte damals Boussingault und Le Bel. Eine Beziehung zu diesen älteren französischen Traditionen war in Musculus verkörpert, dem Apotheker des nahegelegenen Bürgerspitals, aus dessen Officin damals werthvolle Versuche über das Harnstoffferment und über einzelne Capitel der Kohlehydratchemie hervorgegangen sind. Dieser fand sich oft im physiologisch-chemischen Laboratorium ein, um in unverfälschter elsässischer Mundart wissenschaftliche Fragen mit Hoppe-Seyler und Baumann zu verhandeln.

Bis dahin hatte der Gedanke an einen anderen Beruf, als den pharmaceutischen, Baumann ferngelegen, die ersten Jahre des Strassburger Aufenthalts weckten in ihm den Wunsch, sich der akademischen Laufbahn zu widmen.

Dieser Plan musste durch die wissenschaftlichen Erfolge der nächsten Jahre gefestigt werden. Die ersten Arbeiten Baumann's hatten sich auf dem Gebiete der reinen Chemie bewegt. Mehr und mehr von dem Werth und der inneren Wahrheit physiologisch-chemischer Forschung durchdrungen, zog er biologische Fragen in das Bereich seines Experiments und im Winter 1875/76 machte er eine Entdeckung, welche zuerst die Augen der Mediciner auf ihn lenkte, die gepaarten Schwefelsäuren des Harns. Im Sommer 1876 erfolgte dann seine Habilitation für Chemie an der philosophischen Facultät und im nächsten Jahre seine Berufung nach Berlin als Vorsteher der chemischen Abtheilung an dem von du Bois-Reymond neu erbauten physiologischen Institut. Die Strassburger medicinische Facultät ehrte ihn bei seinem Fortgange durch Ertheilung der medicinischen Doctorwürde honoris causa — die weiteren wissenschaftlichen Erfolge Baumann's sollten zeigen, dass er in der That den Geist der Medicin auch ohne medicinisches Studium erfasst hatte.

In Berlin fand Baumann sehr günstige Bedingung für die Entfaltung seiner Kräfte vor. Wenn auch sein Laboratorium bezüglich der Verwaltung dem Director des physiologischen Instituts unterstellt war, so schaltete er doch vollkommen selbständig in dem ihm anvertrauten Gebiete.

Du Bois-Reymond hatte in der Eröffnungsrede des physiologischen Instituts vor übertriebenen Vorstellungen von den Erfolgen der in grossartigem Massstabe ausgestatteten Anstalt gewarnt; die aus Baumann's Laboratorium hervorgegangenen Arbeiten rechtfertigten selbst die höchsten Erwartungen, welche man an die Errichtung einer besondern chemischen Abtheilung knüpfen konnte.

Das Laboratorium Baumann's zog eine grosse Zahl jüngerer Mediciner an, die sich unter seiner Leitung mit Forschungen aus dem Gebiete der physiologischen und pathologischen Chemie beschäftigten, es genüge die Namen A. Baginsky, Brieger, G. Hoppe-Seyler, Ledderhose, Preusse, Röhmann, Schiffer zu nennen. Wer die ersten 8 Bände dieser Zeitschrift durchblickt, kann von der regen und erfolgreichen Thätigkeit des in Berlin um Baumann geschaarten Kreises eine Vorstellung gewinnen.

Die Lehrthätigkeit Baumann's blieb nicht auf die Mediciner beschränkt, die er mit unermüdlicher Geduld in Cursen und Vorlesungen in die medicinische Chemie einführte, auch für Pharmaceuten und Chemiker wurde er bald ein beliebter Lehrer.

Es war selbstverständlich, dass er zu den Chemikern Berlins in nähere Beziehungen trat. Die enge Freundschaft mit F. Tiemann hat auch durch eine gemeinschaftliche Arbeit über den Indigo ihren Ausdruck gefunden.

Baumann war in Berlin anfangs an der philosophischen Facultät habilitirt, nachdem er zunächst den Titel Professor erhalten hatte, wurde er im März 1882 zum Extraordinarius an der medicinischen Facultät ernannt.

Im Herbst des nächsten Jahres, nach 7jähriger Thätigkeit am physiologischen Institut, folgte er einem Ruf als Professor der Chemie an der medicinischen Facultät der Universität Freiburg. Dieser Lehrstuhl war durch den Abgang von Babo's freigeworden. Im gleichen Jahre führte er Therese Kopp, die Tochter des berühmten Heidelberger Chemikers, welche er im Hause A. W. Hofmann's kennen gelernt hatte, als seine Gattin heim. Sein Haus wurde eine Stätte des schönsten Familienglücks. Seiner Ehe sind fünf Kinder entsprossen.

Die Lehrthätigkeit Baumann's dehnte sich in Freiburg über das ganze Gebiet der Chemie aus. Wie in Berlin, so waren auch hier Hörsaal und Laboratorium von Medicinern, Chemikern und Pharmaceuten überfüllt, und neue überraschende Aufklärungen über physiologisch-chemische Vorgänge gingen in ununterbrochener Folge aus seinem Laboratorium hervor. Die letzten Arbeiten, welche ihn beschäftigten, knüpften sich an die Entdeckung des Jods in der Schilddrüse und haben seinen Namen auch über die Kreise der Fachgenossen hinaus bekannt gemacht.

Die Uebersiedlung nach Freiburg hatte Baumann seinem Lehrer Hoppe-Seyler wieder näher gebracht, es entspann sich wieder ein regerer Verkehr zwischen Beiden, der erst mit Hoppe-Seyler's Tod im Jahre 1895 ein Ende fand. Vergebens bemühte sich die Strassburger Universität Baumann als Nachfolger seines Lehrers zu gewinnen, er schlug den ehrenvollen

Ruf aus. Aber nicht lange mehr durfte sich die Freiburger Universität ihres berühmten und beliebten Lehrers erfreuen, am 3. November 1896 erlag er einem Herzleiden, das sich schon lange vorbereitet hatte, ohne ihm selbst bewusst zu werden und das ihn erst wenige Tage vor seinem Tode aufs Krankenlager geworfen hatte. Am 5. November wurde er zur Ruhe bestattet, aufs tiefste betrauert von seiner Familie, seinen Freunden und Schülern. —

---

Die ersten Arbeiten, welche Baumann im Strassburger Laboratorium ausführte, beschäftigten sich mit einigen Cyanverbindungen und speciell mit dem Cyanamid.

Die Synthese des Kreatins aus Cyanamid und Sarkosin war von Volhard im Jahre 1868 ausgeführt worden. Baumann wandte diese Reaction auf das Alanin an und erhielt ein Isomeres des Kreatins, das Alakreatin, aus dem er dann weiterhin ein Alakreatinin darstellen konnte [1]). Im Laufe dieser Untersuchungen führte Baumann den Nachweis, dass bei der Entschwefelung des Sulfoharnstoffs durch Quecksilberoxyd Cyanamid entsteht. Hieraus ergab sich eine bequeme Methode zur Darstellung dieses Körpers, für dessen Gewinnung man früher auf das Cyanchlorid angewiesen war [2]). Andrerseits konnte Baumann das Cyanamid durch Schwefelwasserstoff wieder in Sulfoharnstoff zurückverwandeln [3]). Im folgenden Jahre (1874) gelang es Baumann, das Dicyandiamidin, welches Haag [4]) aus Dicyandiamid dargestellt hatte, auf anderm Wege, nämlich durch Erhitzen von Guanidincarbonat mit Harnstoff zu gewinnen. Diese Reaction, welche der Bildung von Biuret aus Harnstoff analog ist, klärte die Constitution des Dicyandiamidins auf, indem es diese Base als Guanylharnstoff charakterisirte. Eine zweite bald darauf erschienene Arbeit [5])

[1]) Liebig's Ann. 167,83.
[2]) Ber. 6,1376.
[3]) Ber. 8,26.
[4]) Ann. 122,25.
[5]) Ber. 7,1766.

brachte die Beschreibung der bisher nur in ihren Salzen bekannten, von Baumann zuerst im freien Zustand dargestellten Base und weitere Beweise für die von Baumann angegebene Constitution. Hieran schloss sich die Ueberführung der von Hallwachs[1]) aus Dicyandiamid durch Kochen mit Barytwasser erhaltenen Amidocyansäure in Biuret[2]), welche eine weitere Analogie für die Umwandlung des Cyanamids in Harnstoff und des Dicyandiamids in Dicyandiamidin lieferte, und unsere Kenntnisse von den Beziehungen der Cyangruppe zur Harnstoffgruppe ergänzte.

Durch eine der eben erwähnten Synthese des Dicyandiamidins aus Guanidin und Harnstoff analoge Reaction, nämlich durch die Einwirkung von Guanidin auf Sarkosin, hoffte Baumann zu einer neuen Synthese des Kreatins zu gelangen und einige Zweifel bezüglich der Constitution dieses Körpers zu heben, die trotz der Volhard'schen Synthese übrig geblieben waren. Aber es entstand bei diesem Process kein Kreatin, sondern eine leicht zersetzliche Verbindung von Sarkosin mit Guanidin[3]). Baumann liess das Sarkosin in gleicher Weise auf Harnsäure einwirken und erhielt die Verbindung beider[4]), welche 10 Jahre später von Mylius in Baumann's Laboratorium weiter untersucht worden ist[5]).

Auf dem gleichen Gebiete bewegten sich auch einige Versuche, welche Baumann im Verein mit Hoppe-Seyler im Jahre 1874 anstellte. Schultzen hatte behauptet, das in den Thierkörper eingeführte Sarkosin werde durch Anlagerung von Carbaminsäure in eine neue Säure umgewandelt. Aus den Untersuchungen von E. Salkowski sowie von Baumann und Hoppe-Seyler ergab sich, dass hier Methylhydantoïnsäure entstanden war, und die letzteren Forscher bemühten sich nun, durch die Synthese dieser Säure aus Cyansäure und Sarkosin und durch eine eingehendere Untersuchung ihrer

---

[1]) Ann. 153, 293.
[2]) Ber. 8, 708.
[3]) Ber. 7, 1151.
[4]) Ber. 7, 1152.
[5]) Ber. 17, 517.

Bildungsweise darzuthun, dass im thierischen Organismus ein Cyansäurerest wirksam ist. Hoppe-Seyler ist auf diese Anschauung noch mehrfach zurückgekommen, um aus ihr die Bildung des Harnstoffs im thierischen Organismus zu erklären.

Im Jahre 1875 betrat Baumann dasjenige Forschungsgebiet, auf welchem er die bedeutendsten Erfolge erringen sollte: Die physiologische Chemie der Benzolderivate. Hoppe-Seyler hatte die Beobachtung gemacht, dass das von Städeler im Harn aufgefundene Phenol nicht als solches, sondern in Form einer „phenolbildenden Substanz" ausgeschieden wird. Diese geht erst unter der Einwirkung von Mineralsäuren in der Siedehitze in Phenol über. Die phenolbildende Substanz musste danach als ein Analogon der von Schunk im Harn nachgewiesenen indigobildenden Substanz erscheinen, denn auch letztere liefert das Indigo nur in Folge chemischer Eingriffe.

Baumann machte die Beobachtung, dass bei der Zerlegung der damals noch nicht in reinem Zustande bekannten indigobildenden Substanz des Harns stets eine gewisse Menge Schwefelsäure in der Flüssigkeit auftritt, die vorher als solche nicht vorhanden war — er entdeckte damit die „gepaarten Schwefelsäuren" [1]. Kurz darauf gelang es ihm auch, die phenolbildende Substanz des Harns als gepaarte Schwefelsäure zu charakterisiren, sie rein zu gewinnen und ihre Zusammensetzung festzustellen. Anfangs hielt er die Säure für eine der drei Phenolsulfosäuren, von denen damals erst zwei bekannt waren, bald erkannte er jedoch, dass sie den Charakter einer „Aetherschwefelsäure" besitzt [2]. Bei weiteren Versuchen ergab sich, dass man durch reichliche Zuführung von Phenol die ungepaarte Schwefelsäure des Harns völlig zum Verschwinden bringen kann; es zeigte sich ferner, dass ausser dem Phenol und dem „Indican" noch das Kresol [3]) und das von Baumann schon früher im Harn aufgefundene Brenzcatechin [4]) als gepaarte Schwefelsäuren im normalen Harn nachzuweisen sind,

---

[1]) P. A. 12, 69.
[2]) P. A. 13, 285.
[3]) Ber. 9, 1389.
[4]) P. A. 12, 63.

dass endlich eine grosse Zahl anderer, dem Thierkörper einverleibter aromatischer Stoffe in dieser Form den Körper verlassen. [1])

Bald wurde der Nachweis der gepaarten Schwefelsäuren in der Hand der Kliniker ein beliebtes Hülfsmittel, um die Resorption des als Antisepticum viel benutzten Phenols zu schätzen.

Die Ansichten Baumann's über die chemische Natur seiner neuentdeckten Verbindungen wurde durch die Synthese der Phenolschwefelsäure aus Phenolkalium und pyroschwefelsaurem Kali in glänzender Weise bestätigt [2]). Diese Reaction besass eine allgemeinere Anwendbarkeit, und es gelang leicht, eine grosse Zahl gepaarter Schwefelsäuren synthetisch darzustellen [3]).

Diese Entdeckungen regten eine grosse Zahl neuer Versuche an und lenkten das Interesse der physiologischen Chemiker auf das Studium der synthetischen Processe des Thierkörpers, welches seitdem nicht mehr geruht hat.

Baumann verfolgte zunächst die Frage nach dem Ursprung der aromatischen Stoffe, welche selbst bei reiner Fleischkost im Harn erscheinen, und gelangte auch hier zu neuen unerwarteten Schlussfolgerungen. Im Verein mit seinen Schülern studirte er die Fäulniss der Eiweisskörper und gewann ein klares Bild von den Umwandlungen, welche die tyrosinbildende Gruppe des Eiweissmoleküls bei der Fäulniss erleidet. Er zeigte, dass die Bildung des Kresols und Phenols aus Tyrosin durch die Stufe der aromatischen Oxysäuren hindurch erfolgt, und wies nach, dass diese Säuren in gleicher Weise wie die Phenole im Harn erscheinen [4]). Das Auftreten im Harn ist eine Folge der Darmfäulniss. Wenn diese Fäulniss unterdrückt wird, etwa durch Eingabe von Calomel, so verschwinden auch die gepaarten Schwefelsäuren des Harns. Die aromatischen Oxysäuren hingegen sind nicht in gleichem Maasse von

[1]) Z. 1, 244.
[2]) Ber. 9, 1715.
[3]) Ber. 11, 1907, Z. 2, 335.
[4]) Z. 3, 250; 4, 304; 6, 183.

der Darmfäulniss abhängig, denn ihre Bildung erfolgt — wie auch die neueren Versuche von Thierfelder erkennen lassen —[1]) nicht nur im Darm, sondern auch in den Geweben[2]).

Auch die indigobildende Substanz, bei deren Untersuchung die ersten Beobachtungen über die gepaarten Schwefelsäuren gewonnen waren, wurde von Baumann in ihrer Constitution klar gelegt. Ausgehend von dem Befund Jaffé's, nach welchem das Indol als Muttersubstanz des „Harnindicans" zu betrachten ist, gewann Baumann im Verein mit Brieger aus dem Harn eines mit Indol gefütterten Hundes diese Substanz zuerst in reinem Zustande, stellte ihre Formel als die einer Indoxylschwefelsäure fest[3]) und klärte im Verein mit F. Tiemann die Constitution des Indoxyls völlig auf[4]). Diese Untersuchungen sind für die Erkenntniss der Constitution des Indigo's sehr wichtig geworden.

Baumann ist später noch einmal in einer äusserst interessanten Arbeit auf die Frage nach dem Verhalten der aromatischen Stoffe im Körper zurückgekommen, bei der Untersuchung eines Falles von Alkaptonurie. Im Verein mit seinem Schüler Wolkow entdeckte er im Harn eines Patienten eine aromatische Säure, die „Homogentisinsäure", welche als eine Dioxyphenylessigsäure charakterisirt und synthetisch dargestellt[5]) werden konnte. Die Entstehung dieser Säure erinnerte an einen Befund Kirk's, welcher unter ähnlichen Verhältnissen eine Trioxyphenylpropionsäure nachgewiesen hatte. Baumann und Wolkow zeigten, dass das Tyrosin als Muttersubstanz der Homogentisinsäure zu betrachten ist. Diese Umwandlung muss also durch einen Process vollzogen werden, welcher unter Verschiebung des Sauerstoffs erfolgt, denn in der Homogentisinsäure steht keine der Hydroxylgruppen in der Parastellung zu der Seitenkette, wie dies beim Tyrosin der Fall ist[6]).

---

[1]) Z. 22, 62.
[2]) Z. 10, 123.
[3]) Z. 3, 254.
[4]) Ber. 12, 1098, 1192; 13, 408.
[5]) Z. 20, 219.
[6]) Z. 15, 228.

Die Untersuchung über die Veränderungen, welche die aromatischen Stoffe im thierischen Körper erleiden, verbreitete in unerwarteter Weise Licht über eine andere Veränderung des Stoffwechsels die Cystinurie. Nach Einführung von Brombenzol fanden Baumann und Preusse im Harn eine complicirte schwefelhaltige Verbindung, die Bromphenylmercaptursäure, deren Abbau in vollkommener Weise ausgeführt werden konnte[1]). Hierbei ergab sich eine Zwischenstufe, das Bromphenylcysteïn, dessen Aehnlichkeit mit dem Cystin unverkennbar war. Baumann wandte die bei den aromatischen Mercaptanverbindungen gewonnenen Erfahrungen auf das Cystin an. Indem er es einerseits durch Reduction in Cysteïn verwandelte, andererseits durch Kochen mit Baryt in Schwefelwasserstoff, Ammoniak und Brenztraubensäure zerlegte, stellte er seine Constitution fest[2]).

Durch diese Versuche war erwiesen, dass im Organismus cystinähnliche Atomgruppen bereit stehen, welche jederzeit durch Einführung halogensubstituirten Benzols losgelöst werden können. Ihr Ursprung kann kaum anderswo zu suchen sein, als im Eiweissmolekül. Baumann und sein Schüler Suter versuchten aber vergebens, die Bildung von Cystin aus Eiweiss festzustellen, auf welche bereits einzelne Beobachtungen (Külz, Emmerling) hingewiesen hatten. Statt dessen erhielt Suter eine Thiomilchsäure[3]). Diese stellt aber kein primäres Spaltungsproduct der Eiweisskörper dar, vielmehr war Baumann geneigt, eine geschwefelte Asparaginsäure als erstes Zersetzungsproduct zu betrachten[4]), während Drechsel neuerdings Sulfinverbindungen, also ein vierwerthiges Schwefelatom, im Eiweiss annimmt[5]).

Versuche zur Synthese des Cystins und des Phenylcysteïns führten Baumann zu dem Studium der Einwirkung

---

[1]) Z. 5, 309.

[2]) Ber. 15, 1734; Z. 8. 299.

[3]) Z. 20, 564.

[4]) Z. 20, 585.

[5]) Centralblatt für Physiologie, Bd. 10, S. 529.

von Mercaptanen auf die Brenztraubensäure. Er fand, dass hier mit Leichtigkeit eine Vereinigung molekularer Mengen stattfindet.

Bei der Einwirkung von Phenylmercaptan auf Brenztraubensäure und Benzoylameisensäure wurden gut charakterisirte Verbindungen erhalten, welche unter der Einwirkung trockener Salzsäure eine Umwandlung erfuhren.[1] Aus dem Additionsproduct:

$$\begin{matrix} C_6H_5S \\ HO \end{matrix} > C < \begin{matrix} CH_3 \\ COOH \end{matrix}$$

entsteht auf diese Weise eine andere Verbindung[2])

$$\begin{matrix} C_6H_5S \\ C_6H_5S \end{matrix} > C < \begin{matrix} CH_3 \\ COOH. \end{matrix}$$

Analoge Verbindungen stellte Baumann durch die Einwirkung von Mercaptanen auf Aldehyde dar. Hier fand eine Vereinigung von zwei Molekülen des Mercaptans mit einem Molekül Aldehyd statt, und die entstehenden Verbindungen entsprachen in ihrer Constitution den Acetalen. Baumann führte für sie die Bezeichnung „Mercaptale“ ein, durch Einwirkung von Mercaptanen auf Ketone erhält er die „Mercaptole“ [3]). Ebenso wie die oben bezeichneten, zwei Schwefelatome enthaltenden Derivate des Phenylmercaptans konnten auch die Mercaptale und Mercaptole als Substitutionsproducte des bisher nicht dargestellten Methylenmercaptans $CH_2(SH)_2$ betrachtet werden. Durch Oxydation mit Kaliumpermanganat gewann Baumann aus ihnen Disulfone, die sich von den früher dargestellten Disulfonen dadurch unterschieden, dass sie beide Sulfonreste an einem und demselben Kohlenstoffatom enthielten [4]).

Diese neu entdeckten Verbindungen gewannen ein sehr bedeutendes Interesse für die praktische Medicin, als Kast die Beobachtung machte, dass das von Baumann dargestellte Diäthylsulfondimethylmethan $(CH_3)_2\,C(SO_2 \cdot C_2H_5)_2$ ein Schlafmittel ist, und bald fand diese Substanz unter dem Namen

---

[1]) Ber. 18, 262.

[2]) Ber. 19, 1787.

[3]) Ber. 18, 883.

[4]) Ber. 19, 2806, 2814.

„Sulfonal" eine ausgedehnte Anwendung[1]). Die pharmakologische Untersuchung dieser Gruppe, welche von Baumann und Kast ausgeführt wurde[2]), erwies, dass die schlafbringende Wirkung von den Aethylgruppen und nicht von der $SO_2$-Gruppe als solcher abhängt. Demgemäss wächst diese Wirkung mit Vermehrung der Aethylgruppen. Den analogen Körper mit drei und vier Aethylgruppen, dem „Trional" und „Tetronal", kommt eine noch intensivere Wirkung zu als dem Sulfonal, welches nur zwei Aethylgruppen besitzt, von diesen Körpern spielt das Trional heute in unserem Arzneischatz eine grosse Rolle.

Baumann's Interesse verblieb dauernd bei dem Studium der organischen Schwefelverbindungen, das ihm den Ruhm gebracht hat, neue schmerzstillende, beruhigende Heilmittel geschaffen zu haben. Im Verein mit seinen Schülern, besonders mit Fromm, führte er zahlreiche Versuche über die Einwirkung von Schwefelwasserstoff auf Aldehyde und Ketone und über die Oxydationsproducte der hiebei entstehenden Thioderivate aus. Er fand, dass aus Aldehyden zunächst Körper von der Formel $R \cdot CH{OH \atop SH}$ hervorgehen, welche sich leicht in die bekannten Polymeren umwandeln[3]). Aus dem Aceton entsteht bei Gegenwart von Salzsäure zunächst $(CH_3)_2$ CS, ein Körper, dessen Isolirung freilich aus besonderen Gründen unterbleiben musste[4]). Die Substanz verbreitete nämlich einen so furchtbaren Gestank, dass in den dem Laboratorium benachbarten Strassen bei einzelnen Personen Ohnmachtsanfälle, Uebelkeit und Erbrechen auftraten. Jedes mit diesem Thioderivat angestellte Experiment rief einen Sturm der Entrüstung in den anliegenden Stadttheilen hervor, und Baumann und Fromm sahen sich genöthigt, die Versuche aufzugeben. Um so auffallender war es, dass die Experimentatoren selbst unter dem Geruch nicht erheblich zu leiden hatten.

---

[1]) Ber. 19, 2808. — Kast, Berliner klinische Wochenschrift, 1888, Nr. 16.

[2]) Z. 14, 52.

[3]) Ber. 23, 62.

[4]) Ber. 22, 2593.

Die durch Condensation der primären Reactionsproducte des Aldehyds und des Schwefelwasserstoffs erhaltenen Körper zeigten interessante Isomerieverhältnisse, welche schon von früheren Bearbeitern beschrieben waren. Auf Grund stereochemischer Erwägungen gelang es Baumann, dieselben völlig aufzuklären [1]). Diese Deductionen führten sogar zur Aufdeckung eines Fehlers, der sich in die früheren Beobachtungen eingeschlichen hatte. Drei isomere Trithioaldehyde waren von früheren Autoren beschrieben worden, nach Baumann's Theorie konnten aber nur zwei existiren. Baumann und Fromm prüften deshalb die früheren Versuche nach und fanden, dass die Angaben über einen dritten Trithioaldehyd auf Irrthum beruhten.

Mit welch' erfinderischem Scharfblick Baumann die Werkzeuge zur Bearbeitung schwieriger Fragen zu schaffen wusste, das zeigt sich besonders deutlich in der sinnreichen Anwendung des Benzoylchlorids. Schotten und Baum hatten die Wahrnehmung gemacht, dass die Einwirkung des Benzoylchlorids auf Coniin auch in wässeriger Lösung vor sich geht [2]), und Baum hatte daraufhin eine sehr bequeme Methode zur Darstellung von Hippursäure gegründet [3]). Baumann, in dessen Laboratorium Baum seine in Berlin begonnenen Untersuchungen fortgesetzt hatte, erkannte die vielseitige Anwendbarkeit dieser Reaction und hat aus ihr eine Methode abgeleitet, mit der er nicht allein Amingruppen, sondern auch Hydroxyle angreifen konnte, um aus complicirten Gemischen die gesuchten Verbindungen als gut krystallisirende Benzoylderivate herauszuholen. So konnte Baumann die unlöslichen Benzoylester des Traubenzuckers, des Rohrzuckers, des Glycosamins, des Glycerins darstellen und zum Nachweis der betreffenden Stoffe verwerthen [4]). Besonders fruchtbar erwies sich diese Methode bei der Untersuchung auf Diamine. Mit ihrer Hülfe gelang es Baumann und Udranszky, den überraschenden Nachweis zu führen, dass

---

[1]) Ber. 24, 1419.

[2]) Ber. 17, 2549.

[3]) Z. 9, 465.

[4]) Ber. 19, 3218. — Diez, Z. 11, 472. — Wedenski, Z. 13, 66.

die von Brieger entdeckten Fäulnissbasen: Cadaverin und Putrescin bei Cystinurie im Darm gebildet werden, um von hier resorbirt in den Harn überzugehen[1]). Bis jetzt ist das Räthsel des Zusammenhanges zwischen Cystinurie und Diaminbildung noch nicht gelöst — vielleicht werden die von Baumann entdeckten Erscheinungen einst über diese eigenthümliche Veränderung des Stoffwechsels Licht verbreiten.

Neben diesen weit ausgedehnten Arbeiten, welche uns Baumann in jahrelanger beharrlicher Verfolgung eines Ideenganges zeigen, finden wir einzelne mehr gelegentlich ausgeführte Untersuchungen, wie die Analyse eines Termitennestes[2]), Beobachtungen über den chemischen Mechanismus der Oxydation[3]), durch welche Hoppe-Seyler's Ansichten über die Activirung des Sauerstoffs gestützt wurden, und endlich eine kritische Abhandlung über den von Loew und Bokorny erbrachten «Nachweis von der chemischen Ursache des Lebens», in welcher die Ansichten dieser Autoren in überzeugender Weise widerlegt wurden[4]).

Es bleibt uns noch übrig, einer der wichtigsten Entdeckungen Baumanns zu gedenken, der Auffindung des organisch gebundenen Jods in der Schilddrüse[5]). Das „Jodothyrin" (Thyrojodin) wurde von Baumann im Verein mit seinen Schülern Roos und Goldmann als derjenige Bestandtheil der Schilddrüse charakterisirt, dem die therapeutischen Wirkungen dieses Organs zuzuschreiben sind[6]).

Man durfte erwarten, dass diese Entdeckung der Ausgangspunkt neuer glänzender Untersuchungen Baumanns sein würde, wie es die Auffindung der gepaarten Schwefelsäuren und der Mercaptursäuren gewesen sind. Diese Hoffnung ist leider nicht in Erfüllung gegangen — Baumann wurde in-

---

[1]) Ber. 21, 2744, Z. 13, 562, 15, 77.

[2]) Sitzungsbericht der Königlich Preussischen Akademie der Wissenschaft zu Berlin. 1882, 20.

[3]) Z. 5, 244, Ber. 16, 2146; 17, 283.

[4]) Pflüger's Archiv. Bd. 29, S. 400.

[5]) Z. 21, 319, 481; 22, 1.

[6]) Münchener medicinische Wochenschrift 1896, Nr. 14 und Nr. 47.

mitten solchen vielverheissenden Schaffens seiner Wissenschaft entrissen. Andere müssen sein Werk vollenden und den Weg wandeln, den er gebahnt hat.

Die reichen Erfolge Baumann's, die in dieser kurzen Darstellung nur angedeutet werden konnten, geben uns eine Vorstellung davon, was die Wissenschaft durch den allzufrühen Tod dieses Mannes verloren hat. Und doch lässt sich die Gesammtheit seines Wirkens nicht annähernd nach den Ergebnissen seiner wissenschaftlichen Arbeiten schätzen. Der Einfluss, den diese edle Persönlichkeit als Vorbild für Andere ausgeübt hat, ist nicht zu ermessen. Allen, die ihm nahetraten, musste es als ein erstrebenswerthes Ziel erscheinen, so zu denken und so zu schaffen, wie er. —

A. Kossel.

---

**Verzeichniss der Arbeiten von E. Baumann.**

1872 Ueber einige Vinylverbindungen. Inaugural-Dissertation zur Erlangung der Doctorwürde der Naturwissenschaft unter dem Präsidium von Dr. F. Hoppe-Seyler, o. Prof. d. angewandten Chemie an der Univ. Tübingen. 22 Seiten 8°, Tübingen (Laupp) 1872.

1873 Ueber die Addition von Cyanamid. Annalen der Chemie und Pharmacie. Bd. 167, S. 83.

Ueber die Addition von Cyanamid. Ber. d. Dtsch. Ch. Ges. Bd. VI, S. 1371.

E. Baumann und F. Hoppe-Seyler. Ueber Methylhydantoïnsäure. Ber. d. Dtsch. Chem. Ges. VII, 34.

1874 Weitere Beiträge zur Bildung der Methylhydantoïnsäure. Ber. d. Dtsch. Ch. Ges. Bd. VII, S. 237.

Ueber eine Synthese des Dicyandiamidins. Ebenda S. 446.

Ueber eine Verbindung von Sarkosin und Guanidin. Ebenda S. 1151.

Ueber Dicyandiamidin. Ebenda S. 1766.

1875 Ueber die Bildung des Schwefelharnstoffs aus Cyanamid und über die Verbindung desselben mit Chlorsilber. Ber. d. Dtsch. Ch. Ges. Bd. VIII, S. 26.

— und J. v. Mering. Ueber das Verhalten des Sarkosins im Organismus. Ebenda S. 584.

Ueber eine neue Bildungsweise von Biuret. Ebenda S. 708.

F. Baumann. Ueber das Vorkommen von Brenzcatechin im Harn. Archiv f. d. ges. Physiologie. Bd. XII, S. 63.
— Ueber gepaarte Schwefelsäuren im Harn. Ebenda S. 69.
— Ueber gepaarte Schwefelsäuren im Organismus. Ebenda Bd. XIII, S. 285.
1876 Ueber Sulfosäuren im Harn. Ber. d. Dtsch. Ch. Ges. Bd. IX, S. 54.
Ueber α-Kresylschwefelsäure. Ebenda S. 1389.
Ueber die Synthese von Aetherschwefelsäuren der Phenole. Ebenda S. 1715.
R. v. d. Velden und —. Zur Kenntniss des Verhaltens der Terpene im Organismus. Ebenda S. 1746.
— und E. Herter. Ueber das Verhalten der Phenole im Thierkörper. Ebenda S. 1747.
Ueber das Vorkommen von Brenzcatechin im Harn. P. A., Bd. XII, S. 63.
Ueber gepaarte Schwefelsäuren im Harn (vorläufige Mittheilung). Ebenda S. 69.
E. Gergens und —. Ueber das Verhalten des Guanidins, Dicyandiamidins und Cyanamids im Organismus. Ebenda S. 205.
Ueber gepaarte Schwefelsäuren im Organismus. P. A., Bd. XIII, S. 285.
1877 Ueber die Bildung von Phenol bei der Fäulniss von Eiweisskörpern. Ber. d. Dtsch. Ch. Ges. Bd. X, S. 685.
Zur Kenntniss der Phenole. Ebenda S. 6.
Zur Kenntniss der aromatischen Substanzen des Thierkörpers. Z., Bd. I, S. 60.
Ueber die Bestimmung der Schwefelsäure im Harn. Ebenda S. 70.
— und E. Herter. Ueber die Synthese von Aetherschwefelsäuren und das Verhalten einiger aromatischer Substanzen im Thierkörper. Ebenda S. 244—269.
1878 Ueber die Aetherschwefelsäuren der Phenole. Ber. d. Dtsch. Ch. Ges. Bd. XI, S. 1907.
Ueber die Aetherschwefelsäuren der Phenole. Z., Bd. II, S. 335—349.
A. Christiani und —. Ueber den Ort der Bildung der Phenolschwefelsäure im Organismus. Ebenda S. 350—357.
Die synthetischen Prozesse im Thierkörper, Berlin, Hirschwald 1878.
1879 Ueber die Bildung von Hydroparacumarsäure aus Tyrosin. Ber. d. Dtsch. Ch. Ges. Bd. XII, S. 1450.
— und L. Brieger. Ueber die Entstehung von Kresolen bei der Fäulniss. Z., Bd. III, S. 149.
— und C. Preusse. Zur Kenntniss der Oxydationen und Synthesen im Thierkörper. Ebenda S. 156.
— Ueber die Entstehung des Phenols im Thierkörper und bei der Fäulniss. Ebenda S. 250.

— und L. Brieger. Ueber Indoxylschwefelsäure, das Indican des Harns. Ebenda S. 254.

— und L. Brieger. Zur Kenntniss des Parakresols. Ber. d. Dtsch. Ch. Ges. Bd. XII, S. 804.

— und Ferd. Tiemann. Zur Constitution des Indigos. Ebenda S. 1098.

— und —. Zur Constitution des Indigos. II. Mittheilung. Ebenda S. 1192.

— und C. Preusse. Ueber Bromphenylmercaptursäure. Ebenda S. 806.

— und C. Preusse. Ueber die dunkle Farbe des Carbolharns. Arch. f. Anat. u. Phys. 1879, S. 245.

1880 Zur Kenntniss der aromatischen Produkte des Thierkörpers. Ber. d. Dtsch. Ch. Ges. Bd. XIII, S. 279.

— und Ferd. Tiemann. Ueber indigweiss- und indoxylschwefelsaures Kalium. Ebenda S. 408.

Weitere Beiträge zur Kenntniss der aromatischen Substanzen des Thierkörpers Nr. 1—4. Z. Bd. IV, S. 304—321.

— und C. Preusse. Zur Geschichte der Oxydationen im Thierkörper. Ebenda S. 455—458.

1881 Zur Kenntniss des activen Sauerstoffs. Z., Bd. V, S. 244.

— und C. Preusse. Zur Kenntniss der synthetischen Prozesse im Thierkörper. Ebenda S. 309.

1882 Zur Kenntniss der Phenylmercaptursäure, des Cystins und des Serins. Ber. d. Dtsch. Ch. Ges. Bd. XV, S. 1731.

Ueber den Nachweis und die Darstellung von Phenolen und Oxysäuren aus dem Harn. Z., Bd. VI, S. 183.

Chemische Untersuchung von Bruchstücken eines von Hrn. Reuleaux aus Australien mitgebrachten Ameisen- oder Termitennestes. Sitz. Ber. d. Kgl. Preuss. Akademie d. Wiss. z. Berlin. 1882. XX.

Ueber den von O. Loew und Th. Bokorny erbrachten Nachweis von der chemischen Ursache des Lebens. P. A. Bd. XXIX 1882. S. 400.

1883 Zur Kenntniss des activen Sauerstoffs. Ber. d. Dtsch. Ch. Ges. Bd. XVI, S. 2146.

Zur Kenntniss der aromatischen Substanzen des Thierkörpers. Z., Bd. VII, S. 282.

Zur Kenntniss der aromatischen Substanzen des Thierkörpers. Ebenda S. 553.

— — u. Schotten C. Bd. XVII. Ueber das Ichthyol. Monatshefte f. prakt. Dermatologie. Bd. II, S. 257—262.

1884 Ueber die Bildung der Mercaptursäuren im Organismus und ihre Erkennung im Harn. Z. Bd. VIII, S. 190.

Zur Frage der Jodbestimmung im Harne. Ebenda S. 282.
Ueber Cystin und Cysteïn. Ebenda S. 299.
Zur Oxydation des Kohlenoxyds durch Luft und feuchten Phosphor. Ber. d. Dtsch. Ch. Ges. Bd. XVII, S. 283.

1885 Ueber Abkömmlinge der Brenztraubensäure. Ber. d. Dtsch. Ch. Ges. Bd. XVIII, S. 258.
Ueber Verbindungen der Aldehyde, Ketone und Ketonsäuren mit den Mercaptanen. Ebenda S. 883.

1886 Die aromatischen Verbindungen im Harn und die Darmfäulniss. Z. Bd. X, S. 123.
Ueber die Verbindungen der Aldehyde und Ketone mit Mercaptanen. Ber. d. Dtsch. Ch. Ges. Bd. XIX, S. 2803.
Ueber Disulfone. Ebenda S. 2806.
Ueber eine einfache Methode der Darstellung von Benzoësäureäthern. Ebenda S. 3218.
R. Escales und —. Ueber Verbindungen des Phenylmercaptans mit Ketonsäuren. Ebenda S. 1787.
R. Escales und —. Ueber einige Disulfone. Ebenda S. 2814.

1888 Goldmann, E. und —. Zur Kenntniss der schwefelhaltigen Verbindungen des Harns. Z. Bd. XII, S. 254.
L. v. Udranszky und —. Das Benzoylchlorid als Reagens. Ber. d. Dtsch. Ch. Ges. Bd. XXI, S. 2744.
— und —. Ueber die Identität des Putrescins und des Tetramethylendiamins. Ebenda S. 2938.

1889 E. Fromm und —. Ueber Thioderivate der Ketone. Ber. d. Dtsch. Ch. Ges. Bd. XXII, S. 1035.
— und —. Ueber Thioderivate der Ketone. Ebenda S. 2592.
— und —. Ueber Thioaldehyde. Ebenda S. 2600.
Udranszky, L. v. und —. Ueber das Vorkommen von Diaminen, sogenannten Ptomaïnen, bei Cystinurie. Z. Bd. XIII, S. 562.

1890 — und Kast, A. Ueber die Beziehungen zwischen chemischer Constitution u. physiol. Wirkung bei einigen Sulfonen. Z. Bd. XIV, S. 52.
Ueber Thioaldehyde. Ber. d. Dtsch. Ch. Ges. Bd. XXIII, S. 60.
— und Camps, R. Ueber Thioaldehyde. Ebenda S. 69.
Ueber die Einwirkung des Schwefelwasserstoffs auf Aldehyde. Ebenda S. 1869.

1891 — — und Fromm, E. Die Isomerie der Thioaldehyde. Ber. d. Dtsch. Ch. Ges. Bd. XXIV, S. 1419.
— — und — —. Die Thioderivate des Benzaldehyds. Ebenda S. 1431.
— und —. Ueber aromatische Thioaldehyde. Ebenda S. 1441.

— und —. Die Trithioderivate des Acetaldehyds und der polymere Thioformaldehyd. Ebenda S. 1457.

Ueber die Verseifbarkeit der Sulfone und Benzolsulfinsäureester. Ebenda S. 2272.

— und Fromm, E. Die Thioderivate des Furfurols. Ebenda S. 3591.

— und Klett, M. Ueber Stilben, Thionessal und Tolallylsulfür. Ebenda S. 3307.

Udranszky, L. v. und —. Weitere Beiträge zur Kenntniss der Cystinurie. Z. Bd. XV, S. 77.

Wolkow, M. und —. Ueber das Wesen der Alkaptonurie. Ebenda S. 228.

1892 Ueber die Bestimmung der Homogentisinsäure im Alkapton-Harn. Z. Bd. XVI, S. 268.

1893 Ueber die Oxydation der beiden Trithioacetaldehyde. Ber. d. Dtsch. Ch. Ges. Bd. XXVI, S. 2074.

— und G. Walter. Ueber verseifbare Sulfone, Sulfonsulfinsäuren und Sulfinsäurelactonen. Ebenda S. 1124.

Zur Frage der Aetherschwefelsäureausscheidung bei Cholerakranken. Z. Bd. XVII, S. 511.

Zur Abwehr. Ebenda S. 536.

1894 Ueber die Bindung des Schwefels im Eiweiss. Virchow's Archiv 138 S. 560.

— und Fränkel, S. Ueber die Synthese der Homogentisinsäure. Z. Bd. XX, S. 219.

1895 Ueber die schwefelhaltigen Derivate der Eiweisskörper und deren Beziehungen zu einander. Ebenda S. 583.

— und Schmitz, P. Ueber p-Jodphenylmercaptursäure. S. 586.

— und Fromm, E. Ueber einige Derivate des Thiophens. Ber. d. Dtsch. Ch. Ges. Bd. XXVIII, S. 890.

— und —. Ueber die Thioderivate der Ketone. Ebenda S. 895.

— und —. Ueber die Einwirkung von Schwefelammonium auf Acetophenon. Ebenda S. 907.

— und Kossel, A. Zur Erinnerung an Felix Hoppe-Seyler. Z. Bd. 21 (auch Ber. 28, R. 1147).

Ueber das normale Vorkommen von Jod im Thierkörper (I. Mittheilung). Z. Bd. XXI, S. 319.

— und E. Roos. Ueber das normale Vorkommen des Jods im Thierkörper (II. Mittheilung). Ebenda S. 481.

1896 Ueber den Jodgehalt der Schilddrüsen von Menschen und Thieren (III. Mittheilung). Z. Bd. XXII, S. 1.

Ueber das Thyrojodin. Münchn. Med. Wochenschrift 1896. Nr. 14.

— und E. Goldmann. Ist das Jodothyrin (Thyrojodin) der lebenswichtige Bestandtheil der Schilddrüse? Ebenda Nr. 47.

1897 — und E. Fromm. Ueber die Einwirkung von Schwefel auf gesättigte organische Verbindungen. — Disulfid der Thiobenzoylthioessigsäure. Ber. d. dtsch. ch. Ges. XXX, S. 110.

---

## Abkürzungen.

„Ber. d. dtsch. ch. Ges.“ oder „Ber.“: Berichte der deutschen chemischen Gesellschaft.
„P. A.“: Archiv für die gesammte Physiologie, herausg. v. Pflüger.
„Z.“: Diese Zeitschrift.

---

NB. Das diesem Nekrolog beigegebene Bild ist nach einer Photographie von C. Ruf, Hofphotograph in Freiburg i. B., hergestellt.

Druck von M. DuMont-Schauberg, Strassburg.

MIX
Papier | Fördert gute Waldnutzung
FSC® C083411

Zeitfracht Medien GmbH
Ferdinand-Jühlke-Straße 7
99095 Erfurt, Deutschland
produktsicherheit@kolibri360.de